巴甫洛夫的狗

小问号童书 著 / 绘

中信出版集团 | 北京

图书在版编目（CIP）数据

巴甫洛夫的狗 / 小问号童书著绘 . -- 北京 : 中信出版社 , 2023.7

ISBN 978-7-5217-5146-8

Ⅰ . ①巴… Ⅱ . ①小… Ⅲ . ①条件反射－少儿读物 Ⅳ . ① Q427-49

中国版本图书馆 CIP 数据核字 (2022) 第 252583 号

巴甫洛夫的狗

著 绘 者：小问号童书
出版发行：中信出版集团股份有限公司
（北京市朝阳区东三环北路27号嘉铭中心　邮编　100020）
承 印 者：北京启航东方印刷有限公司

开　　本：710mm × 1000mm　1/16　　印　　张：2.5　　字　　数：59千字
版　　次：2023年7月第1版　　印　　次：2023年7月第1次印刷
书　　号：ISBN 978-7-5217-5146-8
定　　价：20.00元

出　　品：中信儿童书店
图书策划：神奇时光
总 策 划：韩慧琴
策划编辑：刘颖
责任编辑：房阳　　营　　销：中信童书营销中心
封面设计：姜婷　　内文排版：王莹

服务热线：400-600-8099
投稿邮箱：author@citicpub.com

“狗狗大赛”马上就要开始了，
伊万明明控制了狗的饮食，
但狗反而越吃越胖?
这背后肯定有人在捣鬼……

“狗狗大赛”就要开始了，伊万的爱犬戈巴却遇到了大麻烦。

戈巴没有一处不完美，它的眼睛像星星一样闪亮，皮毛像绸缎一样光滑，跑起来像闪电一样迅猛……只要遇到戈巴，其他狗就会自惭形秽，要么夹着尾巴跑走，要么不敢往前一步。

“戈巴一定能成为‘狗狗大赛’的冠军！”见过戈巴的人都这么说。

为了让戈巴以最好的状态参赛，伊万陪戈巴运动，为戈巴护理皮毛、按摩身体，她甚至还特意买了一个闹钟，就为了让戈巴定点进食。

在伊万无微不至的照顾下，戈巴有了很大的变化。

可是，有的变化并不太好。在非喂食时间，戈巴也会缠着伊万要吃的。戈巴的身体像吹气球一样，迅速变胖。

无奈的伊万加大了戈巴锻炼的强度，还给它减少食量……做了很多努力。

可是，戈巴还是一天天地变胖。

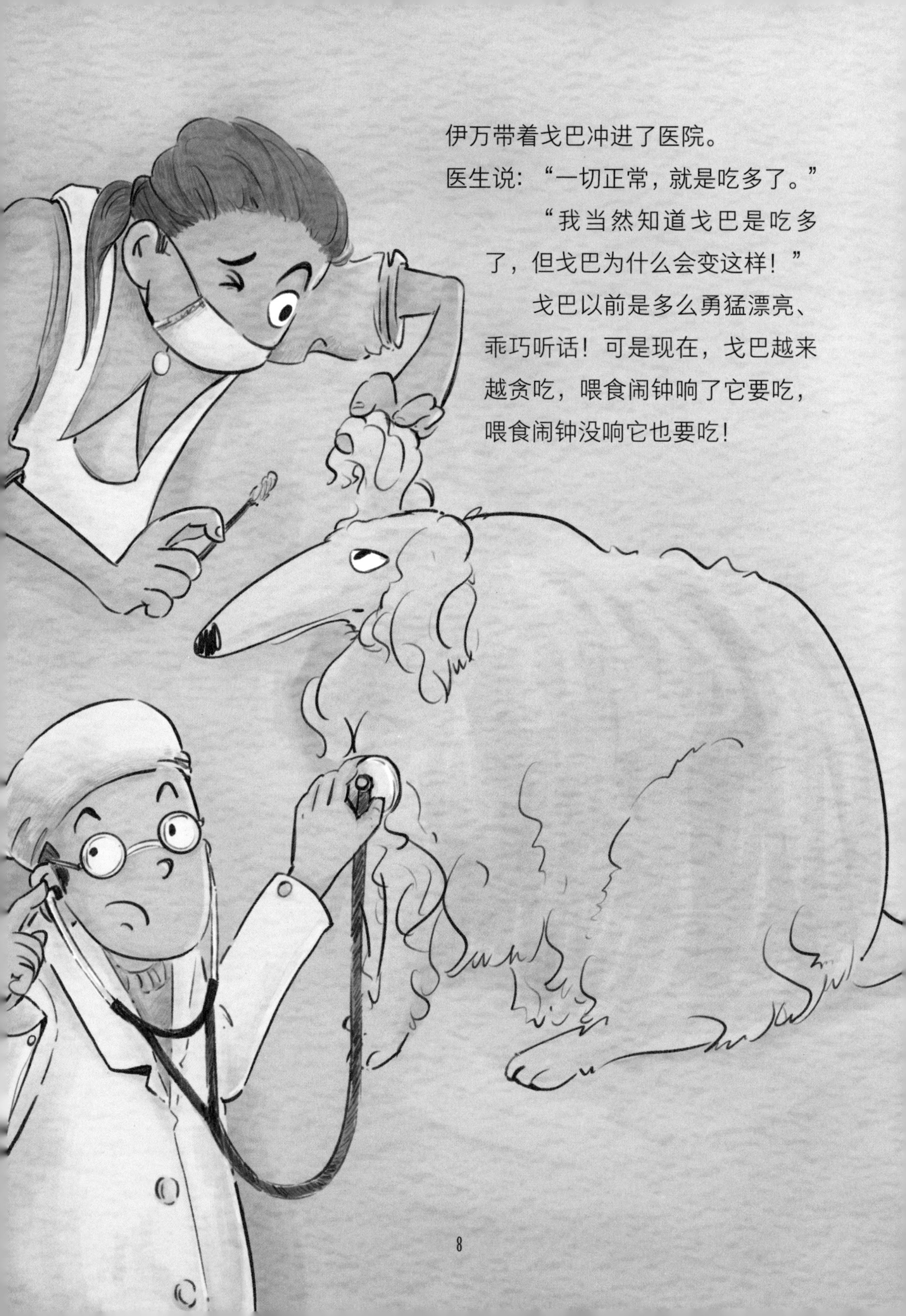

伊万带着戈巴冲进了医院。

医生说："一切正常，就是吃多了。"

"我当然知道戈巴是吃多了，但戈巴为什么会变这样！"

戈巴以前是多么勇猛漂亮、乖巧听话！可是现在，戈巴越来越贪吃，喂食闹钟响了它要吃，喂食闹钟没响它也要吃！

一定是谁对戈巴做了什么，才让它变得这么贪吃！

伊万最先怀疑的，就是“狗狗大赛”的竞争者。这天，戈巴叼回了一个罐头盒。

“这是‘狗狗大赛’冠军的特供罐头！”

伊万气冲冲地敲开了上届“狗狗大赛”冠军阿克苏家的房门。去质问它的主人梁赞。

“不是我！我只喂了戈巴三次罐头，如果我有办法让戈巴变胖，我的阿克苏就不会这样了。”

阿克苏神色恹恹，瘦得皮包骨，再没有去年赛场上的漂亮和勇猛。

“阿克苏今年不会参赛了，以后也不会参赛了。去年阿克苏得了冠军之后，我就更加严格地要求它。”梁赞难过地抱着阿克苏。

伊万放弃了对梁赞的怀疑，但她正要离开时，梁赞叫住了她，说："上次戈巴向我要食物时，我好像听到一个声音。"

"是什么声音？"伊万急忙问。

"不知道，我见到戈巴之后，那个声音就消失了。"

"我一定会抓到那个人，让戈巴恢复正常！"伊万郑重地说。

“到底是什么声音呢？”伊万边走边思考。

“戈巴，慢点吃，我这里还有很多。”一个金色头发的小女孩在喂戈巴食物。

达莎常常来找戈巴玩耍，戈巴身体的变化会和达莎有关吗？

“你怎么可以怀疑我？戈巴是我的好朋友！”
今天达莎过来，是有重要的线索要告诉伊万。
我隔壁的音乐家，在用他的音乐操纵戈巴的食欲！

“我刚刚带着戈巴去我家玩时发现，戈巴一听到音乐家的音乐就特别兴奋——撒娇打滚向我要吃的。”

伊万为自己之前的怀疑向达莎道歉，然后气冲冲地跑去找音乐家。

所有人都认为这个音乐家是个怪人，他眼高于顶，不顾别人感受，不管白天还是晚上，房间里总是叮叮咚咚、乒乓乒乓地乱响。

“好哇！你制造那些见鬼的噪声就算了，没想到你居然敢……你……你你……你怎么变成这个样子了！”

音乐家胡子拉碴、眼窝深陷，身上散发着多天没洗澡的酸臭味……这副落魄邋遢的样子，让伊万震惊得说不出话。

音乐家的个人演奏会马上就要到了。

“我尝试模仿各种各样的声音，可是我没有灵感，完全没有灵感！”音乐家已经崩溃了。

这时，戈巴兴奋的叫声从楼下传来。

“你看，我什么都没干！”音乐家对伊万说，“我还没有投诉你的狗打扰我创作呢，演奏会一点噪声都不能有！”

“对了，噪声！我想到了！”音乐家一下子精神抖擞，“我可以用动物和自然的声音谱曲！”音乐家完全沉浸在自己的世界里了。

“糟了，到戈巴吃饭的时间了！”伊万急忙跑回家。

伊万一回家，戈巴就热情地扑了过来。

看着越来越胖的戈巴，伊万很忧愁，戈巴去参加狗狗大赛的话，很可能初赛就被刷下去了。

伊万下定决心要马上解决戈巴胃口变大这个问题。

可是，现在线索全断了。

这时，窗外传来了一阵音乐，戈巴马上就竖起耳朵、摇摆尾巴，蹭着伊万讨要食物。

戈巴对这个音乐声有反应！伊万追了出去。

伊万终于抓住了那个

用音乐操纵戈巴的人!

“我听不懂你在说什么！”路人觉得自己很冤枉，“这个音乐是我的手机铃声，大街上到处都是，又不只是我一个人有！”

他的话音刚落，不远处就传来了同样的铃声。

行人的电话铃声、商店欢迎光临的音乐声，甚至小孩哼唱的旋律……街道上到处都能听到这样的旋律。

“拉西哆拉哆哆西拉西咪——”“拉西哆拉哆哆西拉西咪——”这个铃声好像在哪里听过，在哪里呢？到底在哪里呢？

戈巴分泌口水，摇摆尾巴，大眼睛可怜巴巴地望着伊万，催促她赶紧拿出好吃的。

看着馋嘴的戈巴，伊万想起来了。

这是戈巴的喂食铃声！

就是伊万为提醒自己按时给戈巴准备食物，特意买的这个闹钟。戈巴吃饭前，都会听到闹钟发出“拉西哆拉哆哆西拉西咪——”的铃声。

时间一长，戈巴也知道铃声一响，就是要开饭了，它就会摇摆尾巴，分泌口水，做好饭前准备。

但是，这段旋律几乎到处都有。戈巴只要听到，便以为自己该吃饭了，有时伊万不在，戈巴就向其他人撒娇要食物。

渐渐地，戈巴吃得越来越多，也越来越胖。

找到原因后，伊万不再使用闹钟，她不仅给戈巴准备了健康的饮食，还禁止戈巴吃别人投喂的食物。

在她的努力下，戈巴的皮毛又像绸缎一样光滑、身姿又像闪电一样迅猛了，走在阳光下还闪闪发光。

新一届的“狗狗大赛”要开始了。所有人都说戈巴一定能拿冠军，但伊万却丢掉了参赛申请表。

她带着戈巴，悠闲地散着步。

这时，熟悉的“拉西哆拉哆哆西拉西咪——”又响起了。

“戈巴，你想吃东西吗？”

戈巴不感兴趣地摇了摇头，跟着伊万走开了。

“巴甫洛夫的狗”是什么？

伊万·彼得罗维奇·巴甫洛夫

伊万·彼得罗维奇·巴甫洛夫（1849—1936）是苏联生理学家，条件反射理论的建构者，获1904年诺贝尔生理学或医学奖。

狗看到食物会分泌唾液，听到铃声却不会有这样的反应。

巴甫洛夫用食物、铃声和狗做实验。在他的实验中，每次给狗食物前，都会响起一个铃声。

时间长了，狗意识到，铃声就是开饭的信号。后来，只要听到铃声，即使没有食物，狗也会哗啦啦流口水。

什么是条件反射和非条件反射？

条件反射不是生来就有的，是在生活过程中通过一定条件刺激，在非条件反射的基础上建立起来的。

非条件反射是生来就有的，比如膝跳反射、眨眼反射、缩手反射，以及婴儿的吮乳、排尿反射等都属于非条件反射。狗看到食物分泌唾液也属于非条件反射，食物就是非条件刺激。

把能引起非条件反射的刺激和无关物同时给予，最终无关物也能引起特定反应。这种无关物和特定反应之间的关系就叫作条件反射。

铃声和狗流口水之间的关系——条件反射

背后的理论：条件反射的分类

条件反射可以分为第一信号系统的反射和第二信号系统的反射。

第一信号系统的反射是以具体事物为条件刺激建立的条件反射，具体刺激比如声音、颜色和气味等。这是人和动物共有的。比如吃过梅子的人看到梅子就会分泌口水。

我们吃到梅子流口水，这是非条件反射。但我们看到梅子，就能联想到它的酸味，进而分泌口水，这就是具体事物引起的第一信号系统反射。

第二信号系统——以词语为条件刺激建立的条件反射，只有人类才有。比如吃过梅子的人听别人谈起梅子时，自己也会流口水。

只是听到梅子这个词语就忍不住流口水，这种建立在语言基础上的反射，就属于第二信号系统反射。

条件反射是永久的吗？

条件反射需要细心维护，否则条件反射的反应强度将逐渐减弱，最后将会消失。

在巴甫洛夫的实验中，如果长期只给狗铃声，不用食物强化，多次以后，铃声引起的唾液分泌量将逐渐减少，最终狗会对铃声失去反应。

生活中的条件反射

在生活中，我们有很多条件反射。比如手机一响，就忍不住去看手机。要打针时，会害怕想哭。学生听见上课铃声就进教室……

条件反射是我们生活的一部分，试着找一找，你的身上还有哪些条件反射？